滿月珈琲店 星月食帖

櫻田千尋◎著

晚安！
歡迎光臨滿月咖啡店

本店今晚也是以明月與繁星
爲顧客製作日常的餐點。
是這樣嗎？
那麼我可以去
稍微偷看一下
廚房裡面嗎？

不論哪一道都是一點一滴用心地、
孜孜不倦地開發，
我個人自豪的食譜。

做得好吃的秘訣在於
心裡想著希望吃到這道菜的人的面容
與希望實現的願望而製作。
就僅僅是那樣。
你喜歡的食譜
要是有在其中
請試著做做看吧！
……但是要對其他人
保守秘密喔！

滿月珈琲店
星月食帖

Sweets

Drink

Food

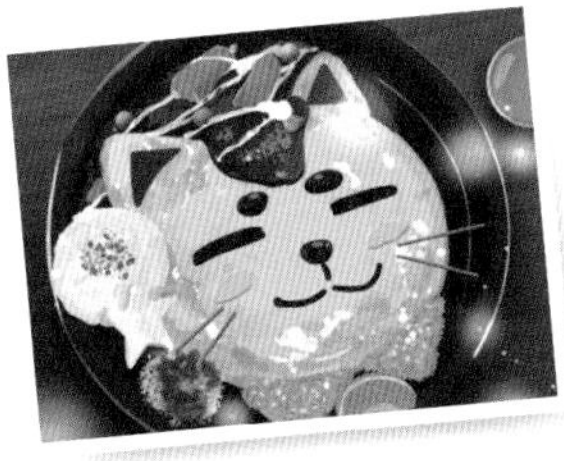

關於滿月咖啡店 星月食帖

關於特殊材料

這裡將介紹表現出滿月咖啡店的食譜集裡
特色的星空、夜空以及閃亮繁星所不可欠缺的材料。

① 食用竹炭粉

將竹炭切細粉碎、加工製成粉末。
含有豐富的礦物質，能表現出漂亮的黑色。

② 蝶豆花

使用豆科植物製作的香草茶。
天然的素材可以萃取出漂亮的藍色。

③ 櫻花豆沙餡

在白豆沙餡內混入鹽漬的櫻花或櫻花葉製作
帶有櫻花風味的內餡。呈淡淡的粉紅色。

④ 鹽漬櫻花

將櫻花用鹽漬的方式保存，
一整年都能享受櫻花的風味。洗淨鹽分後使用。

⑤ 食用色素（流體型・凝膠型）

液體型的食用色素，可用牙籤等器具
微量沾取添加、調整顏色的濃淡。

⑥ 金箔・銀箔

金或銀透過錘打使其薄薄地延展，成爲纖細的薄片狀物品。

⑦ 銀珠糖

由砂糖與玉米澱粉製作而成，
有銀色或金色等各式各樣的顏色。

⑧ 銀箔砂糖

在砂糖裡混入銀箔，
使其更加閃耀的材料。

本書的食譜的注意點

- 標記 1 大匙 =15ml、1 小匙 =5ml、1 杯 =200ml。
- 食譜裡記載的是標準的份量與調理時間，
  但因食材或調理時間會有所差異，請隨料理狀況調整。
- 微波爐的加熱時間是以 500W 火力的產品爲使用場合的標準。
- 沒有特別標記的場合，使用的火力爲中火。
- 「1 小撮」指的是拇指、食指與中指，三根指頭的前端大約抓取的份量。
- 使用烤箱的場合，請先將烤箱預熱備用。
- 烘烤時間爲標準時間。請一面確認烤色與熟度、一面進行調整。
- 沒有特別標記的場合，材料請放置室內回復常溫後再使用。
- 飲品爲了容易理解份量，在這裡也有用 g 來標記的場合。

MANGETSU COFFEE

Presented by SAKURADAKitchen.

STARDUST BLEND

Recipe

Sweets

本店的人氣甜點。在家也請務必盡情享受這個，讓內心充滿恬靜舒暢的甜點吧！

滿月 珈琲店

滿月珈琲店

天狼星生起司蛋糕

使用大犬座的一等星—天狼星做成藍莓口味的生起司蛋糕。
整個夜空最明亮的星星滋味，請仔細地品嚐吧！

天狼星生起司蛋糕 ························ ¥550

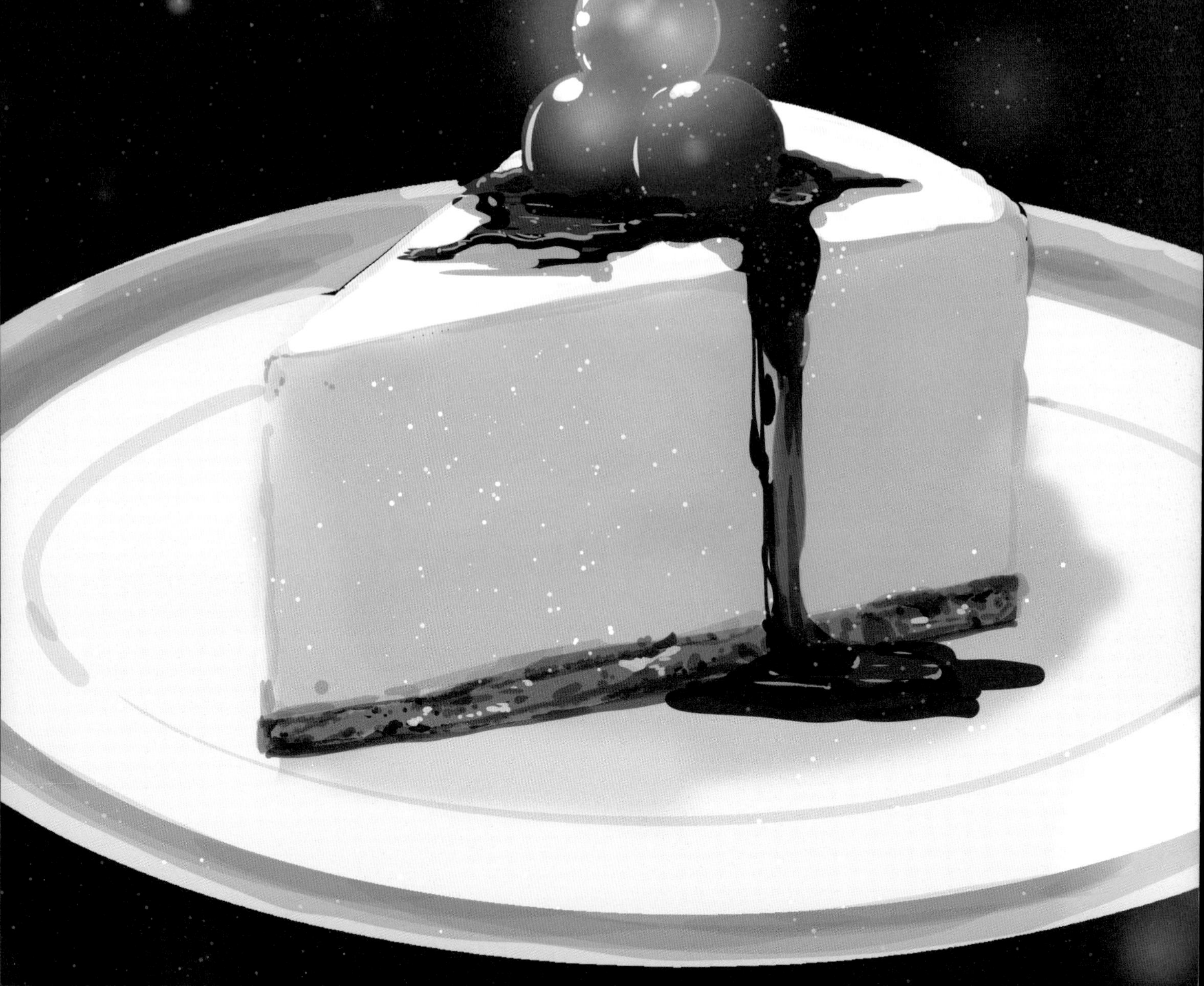

請仔細地
仔細地
攪拌混合。

要嚐嚐看
濃郁的生起司蛋糕嗎？

將群星壓碎
大量地鋪滿底座吧！

最後
添上天狼星的話

在夜空中閃耀、令人讚揚的蛋糕
就完成了！

天狼星生起司蛋糕

材料

直徑 15cm 的圓形一顆份（使用底座可分離式烤模）

【起司蛋糕】

奶油起司……200g
砂糖……25g
鮮奶油（乳脂肪含量 35 ～ 36%）……50 mℓ（常溫）
吉利丁粉……4g
水……50 mℓ

【A】

鮮奶油（乳脂肪含量 35 ～ 36%）……150 mℓ
砂糖……35g

檸檬汁……1 又 1/2 小匙
全麥餅乾……50g
有鹽奶油……40g

市售的藍莓醬……適量
藍莓……3 顆
銀箔砂糖……適量

作法

【起司蛋糕】

準備
・將配合烤模、切成圓形的烘焙紙鋪上
・將奶油起司切絲、鋪在攪拌盆裡回復常溫
・在耐熱容器裡放入水、撒上吉利丁粉靜置 10 分鐘

1 在耐熱容器裡放入分切成 3 ～ 4 等分的奶油，蓋上保鮮膜、用微波爐加入 30 秒。

2 將全麥餅乾壓碎放入步驟 1，用湯匙仔細地攪拌混合、鋪滿烤模的底部後整平。

3 用塑膠刮刀採壓拌法，將奶油起司攪拌至滑順。

4 步驟 3 裡加入砂糖後用打發器仔細地攪拌混合，再加入鮮奶油仔細地攪拌混合。

5 將撒入吉利丁粉的溶液用微波爐加熱 30 ～ 40 秒融解、仔細地攪拌混合。

6 在步驟 5 裡加入少許的步驟 4，用打發器一面仔細地攪拌打發、一面將剩餘的步驟 4 倒入，再以網篩過篩。

7 在攪拌盆裡放入材料 A，重疊在放入冰水（分量外）的攪拌盆上，用手持攪拌機打發至鬆軟厚實。

8 將過篩後的步驟 6 倒入步驟 7、用打發器攪拌打發，接著倒入檸檬汁攪拌混合再倒入烤模。

9 蓋上保鮮膜，放入冰箱冷藏靜置 1 晚～ 1 日。

【裝盤】

1 將毛巾浸入 40°C的溫水後擰乾，包覆在烤模的側面加溫約 15 秒。

2 兩手握住烤模兩側，由底部稍微一面按壓一面上推即可脫模（無法順利脫模時請再度加溫）。

3 分切、盛裝在器皿上淋上藍莓醬。放上 3 顆藍莓、再撒上銀箔砂糖。

濃郁的起司加上輕柔的甜味是充滿魅力的絕品。
最後撒上閃亮的銀箔砂糖裝飾。

射手座太妃蘋果

將被射手座的箭矢射中的蘋果，做成太妃蘋果。
酸甜的夏日香氣撒上星空砂糖後請享用吧！

射手座太妃蘋果……………………¥500

滿月珈琲店

將砂糖和晚霞
放入熬煮
甜甜的香氣
蔓延到整間廚房。
將被射手座的箭矢
射穿的蘋果浸入
沾裹糖衣後……
閃閃發亮的
射手座太妃蘋果就完成了！
撒上星空砂糖後
請您品嚐吧！

MANGETSU COFFEE

Presented by SAKURADA Kitchen

STARDUST BLEND

射手座太妃蘋果

材料

略小顆的蘋果（帶點酸味的）……3 顆
砂糖……200g
水飴……60g
水……50 mℓ
食用色素紅色……微量
銀箔砂糖……適量
金箔粉……適量

作法

1 將蘋果洗淨、擦乾水分讓表面呈乾燥後，串上竹籤。

2 在中型鍋裡依順序放入水、水飴及砂糖，開中火煮。

3 用塑膠刮刀（耐熱）靜靜地攪拌混合、一旦溶解後停止攪拌，熬煮至糖漿呈現淡黃色爲止。

4 熬煮完成後離火，將鍋底迅速地輕觸冷水 1 ～ 2 秒後放上鍋墊靜置。

5 加入食用色素紅色、靜靜地攪拌混合後，將步驟 1 沾裹糖漿、滴落多餘的糖漿後放上烘焙紙。
作業中一旦糖漿凝固，可以用小火熬煮使其軟化。

6 撒上銀箔砂糖及金箔粉。

※ 糖漿的熬煮過程會呈高溫請千萬要小心注意。

紅通通的蘋果上，纏繞著光澤艷麗的糖衣
口感滿分。當作箭矢的竹籤也可以用免洗筷。

夏日大三角
冰棒風之星空果凍

將夏日大三角做成冰棒風之星空果凍。
請一面想像馳騁在銀河、一面品嚐看看吧！

夏日大三角冰棒風之星空果凍…………¥200

満月珈琲店

MANGETSU
COFFEE
STARDUST BLEND
開火煮大海蘇打
將夜色與砂糖攪拌混合後
夜空整個蔓延開來。
鑲嵌上銀河與繁星
冷卻之後
星空果凍就完成了！
切成夏日大三角形狀的話
就成爲一道特別的夏日甜品。

夏日大三角
冰棒風之星空果凍

材料

方形托盤 20cm×14cm

【A】

寒天粉……30g
砂糖……30g

無色檸檬萊姆蘇打……400 mℓ
食用色素　藍色……微量
市售藍莓醬……適量
銀珠糖（銀色）……適量

作法

1 將材料 A 放入鍋中，用打發器仔細地攪拌混合。

2 在步驟 1 裡一點一點地倒入蘇打，同時不停地攪拌混合。

3 開中火煮步驟 2，靜靜地攪拌混合。

4 完全融解、攪拌混合後離火，加入食用色素藍色後用塑膠刮刀攪拌混合。
（食用色素藍色用牙籤的尖端沾取，一面觀察顏色濃淡、一面一點一點地添加）。

5 將步驟 4 倒入托盤。

6 撒上銀珠糖，迅速地用湯匙將它們拌入其中。

7 去除餘熱後，放入冰箱冷藏凝固。

8 用湯匙輕壓果凍的邊緣，蓋上盤子等的食器、翻過來倒扣完成脫模。

9 用菜刀以十字型分切，再依對角線分切。

10 插入冰棒棍。

※ 蘇打只要是透明的、選擇其他喜好的風味也可以。砂糖的量請依個人口味斟酌調整。

在呈現透明感的沁涼夜空果凍裡，
撒上銀珠糖的繁星點綴
做成一道適合夏夜的甜點。

參宿四布丁

使用據說不久後即將生涯終結的一顆星—參宿四做成的布丁。
請在超新星爆發之前享用吧！

參宿四布丁……………¥450

満月珈琲店

某一天
發現綻放著暗紅色光芒的
參宿四。
剛好買起來
輕輕地裝飾在
美味的布丁上
參宿四
綻放著一層光輝
做成一道絕妙的甜點。

參宿四布丁

材料

（使用 100 mℓ的耐熱玻璃布丁模型　4 個份）

【布丁】

【A】

蛋……150g（M size 3 顆份）

蛋黃……20g（1 顆份）

鹽（天然海鹽）……少許

香草精……適量

砂糖……75g

鮮奶……300 mℓ

市售打發鮮奶油……適量

糖漬櫻桃（紅色）

（或是玻璃罐裝去掉櫻桃枝的產品）……4 顆

【糖漿】

【B】

砂糖……50g

水……2 小匙

【C】

即溶咖啡……1 小匙

有鹽奶油……5g

熱水……1 小匙

作法

【布丁】

1 在攪拌盆裡放入材料 A，用打發器打散溶液後，加入鹽與香草精、一半份量的砂糖後研磨攪拌混合。請注意不要打發。

2 在小型鍋裡加入鮮奶、剩餘的砂糖，開中火煮並攪拌混合。

3 步驟 2 達約體溫的溫度後離火，注入步驟 1、不要打發的情況下靜靜地攪拌混合。

4 過篩步驟 3。表面的白色起泡用廚房紙巾貼附後輕輕地吸除。

5 在倒入糖漿（後面詳述）的布丁模型裡，靜靜地注入步驟 4。

6 在托盤上間隔地放上步驟 5，注入比體溫略高的熱水（份量外）至模型的 1/3，加上蓋板、放入 150°C預熱過的烤箱蒸烤 35 分鐘。（途中請將蓋板翻轉）

7 從托盤取出，去除餘熱後蓋上保鮮膜、放入冰箱冷藏一晚。

8 脫模的時候，模型周圍沾黏的部分可用茶匙的背面輕壓，將模型倒蓋後稍微用力上下左右晃動、輕輕地將模型取下。

9 擠上打發鮮奶油，再裝飾上糖漬櫻桃。

【糖漿】

1 在小型鍋裡放入材料 B 後開中火煮。

2 砂糖溶解後，一呈現褐色即熄火、加入材料 C 後攪拌混合。

3 趁熱倒入布丁容器裡。靜置讓它冷卻凝固。

※ 因糖漿會煮至高溫請注意。

在一層不變的布丁上放上主宰的糖漬櫻桃
如同參宿四一樣，高品質地再度呈現！

深夜的百匯冰淇淋

用黑色的甜品們表現出夜深人靜的深夜。
香草冰淇淋漂浮在其上表現出大大的滿月印象。
雖然有點罪惡感，但無論如何在疲累的深夜裡請品嘗看看！

深夜的百匯冰淇淋……………………¥1,000

滿月珈琲店

盛上冰淇淋的話
滿月之夜的深夜的百匯冰淇淋
就完成了。

在咖啡凍上添加紅豆、
黑芝麻冰淇淋……
將大量的夜晚層層堆疊。

在寂靜的夜裡想來點什麼
就來製作特別的
深夜的百匯冰淇淋吧！

就如同渡過漫漫長夜
請務必
悠閒地
享受吧！

深夜的百匯冰淇淋

材料

（2人份）

【黑芝麻巧克力冰淇淋】

巧克力冰淇淋……250㎖

【A】

黑芝麻醬……50g

食用竹炭粉……1小匙

【黑芝麻冰淇淋】

【B】

鮮奶油（乳脂肪含量35～36%）……150㎖

黑糖（粉末狀）……15g

食用竹炭粉……1又1/2小匙

【C】

研磨過的黑芝麻……1大匙

萊姆酒（依個人喜好添加）……1小匙

巧克力玉米脆片……40g

【咖啡凍】

冰咖啡（無糖）……150㎖（常溫）

【D】

砂糖……15g

寒天粉……3g

萊姆酒（依個人喜好添加）……1小匙

【裝盤】

香草冰淇淋（冰淇淋挖杓）……2顆份

市售紅豆餡……150g

銀箔砂糖……適量

作法

【黑芝麻巧克力冰淇淋】

將冰淇淋半解凍、用湯匙挖入攪拌盆裡。
重疊在放入冰塊的另一個攪拌盆上，再放入材料 **A**。
快速地仔細攪拌混合後冷凍，確實地冷卻凝固。

【黑芝麻冰淇淋】

在攪拌盆裡放入材料 **B**、一面浸泡著冰水
一面用手持攪拌機打發起泡至拉起鬆軟的尖角，
加入材料 **C** 攪拌混合。

【咖啡凍】

1 將材料 **D** 放入小型鍋裡，用打發器仔細地攪拌混合。

2 在步驟1裡一點一點地注入冰咖啡並仔細地攪拌混合。

3 步驟2開中火煮，靜靜地攪拌混合。

4 完全溶解後離火、倒入托盤，去除餘熱後放入冰箱冷藏凝固。

5 可依個人喜好倒入萊姆酒，用湯匙輕輕地壓碎。

【裝盤】

1 在百匯冰淇淋玻璃杯中放入咖啡凍。

2 放入巧克力玉米脆片、再疊上黑芝麻冰淇淋。

3 放入紅豆餡後，盛上用冰淇淋挖杓挖取的香草冰淇淋
及黑芝麻巧克力冰淇淋，再輕輕地撒上銀箔砂糖。

令人想到夜晚的黑，用咖啡與黑芝麻呈現。
圓形的香草冰淇淋，爲我們演繹出如同滿月的光彩。

星空奶油夾心餅乾

使用大量的奶油再用餅乾將星空餡料夾在其中。
請一面想像著故鄉的星空、一面吃個痛快吧！

星空奶油夾心餅乾…………………………¥170

細雨椒鹽卷餅

將烤得恰到好處的椒鹽卷餅，
澆淋濕潤的梅雨做成的點心。
佐一杯喜歡的咖啡，一面聆聽雨的旋律、一面品嚐看看吧！

細雨椒鹽卷餅…………………………一盒¥200

配著咖啡
來點滿月咖啡店的
自製點心好嗎？
星空和細雨的味道
能讓你
稍微喘口氣吧！

細雨椒鹽卷餅

材料

（20 根份）

白巧克力……40g
蝶豆花粉……1/2 小匙
檸檬汁……3 ～ 4 滴
椒鹽卷餅……20 根

椰子粉……5g

作法

1 在較小的攪拌盆裡放入切成粗塊的白巧克力，
浸泡在 50°C左右的熱水上、以塑膠刮刀攪拌融解。

2 將蝶豆花粉放入步驟 1，仔細地攪拌混合後再加入檸檬汁仔細地攪拌混合。

3 用湯匙背面將步驟 2 塗滿椒鹽捲餅、
擺放在烘焙紙上後灑上椰子粉。

4 放入冰箱冷藏凝固。

星空奶油夾心餅乾

材料

（4cm×6cm 的夾心餅乾約 6 個份）

餅乾或曲奇餅……12 片
金箔……適量

【藍色鮮奶油】
白巧克力……100g
無鹽奶油……100g
蝶豆花……2 又 1/2 小匙
檸檬汁……4 ～ 5 滴

【巧克力鮮奶油】
無鹽奶油……50g
黑巧克力（可可含量 50%）……50g
鹽（天然海鹽）……1/10 小匙

作法

準備
•奶油分別切成薄片、貼附在攪拌盆的內側，靜置 30 分鐘回復常溫。

1 將切成粗塊的白巧克力放入攪拌盆裡，浸泡在 50°C左右的熱水融解後放涼。

2 用手持攪拌機打散奶油、攪拌混合至滑順的程度。

3 白巧克力去除餘熱後，一點一點地加入步驟 2，每回使用請仔細攪拌混合。

4 不時地將攪拌盆底部浸泡冷水、攪拌混合 4 ～ 5 分鐘至呈現鬆軟發白的程度。

5 加入蝶豆花粉與檸檬汁、再接著攪拌混合 1 分鐘。

※ 巧克力鮮奶油也以相同方式製作。天然海鹽在步驟 3 時加入攪拌混合。

6 在鋪上保鮮膜的托盤上分別將兩種鮮奶油一點一點地注入。
稍微攪拌混合成大理石紋形狀，全部倒完後，
在表面上不要出力、輕輕地整平，蓋上保鮮膜，
放入冰箱冷藏 1 小時。

7 抓住保鮮膜、迅速地上提從托盤取出，放在餅乾上後依照形狀的大小分切。
用餅乾夾成餅乾夾心、再放回托盤蓋上保鮮膜，再度放回冰箱冷藏 2 小時。從側緣貼上金箔。

※ 奶油因為容易融化，請在確實冷藏的狀態下食用。
※ 蝶豆花粉加入比食譜略多的份量時，會散發獨特的蝶豆花香及味道。
想要成色比食譜更濃郁時、請使用食用色素來調整。
※ 因為檸檬汁可以提高蝶豆花粉成色，所以微量地添加。

由蝶豆花製作出柔美的藍色、增添神秘的印象。
以雨和星空爲意象的甜蜜，請好好品嘗吧！

滿月珈琲店

今晚是滿月咖啡店的派對日。
在繁星點點的夜空之下
準備了爲數衆多的甜點們
大家久等了！

在天光未明之前，請好好享用吧！

盡情品嚐鬆軟的舒芙蕾、入口即化的打發鮮奶油以及
滿月圓冰淇淋裝飾點綴的「三大滿月甜點」。

滿月圓頂蛋糕

作法

【舒芙蕾起司蛋糕】

準備
・將軟化的奶油（分量外、適量）貼著攪拌盆的內側塗上薄薄一層，用濾茶網過篩、撒上麵粉（分量外、適量），拍落多餘的麵粉、放入冰箱冷藏備用。
・將奶油起司切絲貼附在攪拌盆裡，回復常溫。
・打蛋，將蛋白與蛋黃分離。

1 用塑膠刮刀將奶油起司壓碎，攪拌成滑順狀。

2 加入砂糖（20g）、用打發器仔細地攪拌混合後，依順序放入蛋黃、原味優格、鮮奶油、材料 A 與材料 B，每回加入時仔細地攪拌混合。

3 將蛋白放入另一個攪拌盆、用手持攪拌機低速地攪拌打發後，分 4 次加入砂糖（共 50g），每回加入後再以低速攪拌打發、砂糖溶解後轉爲中速打發起泡。

4 蛋白霜打發成用攪拌棒拉起尖角後會自然下垂的軟硬度後，以打發器撈 2 次蛋白霜加入步驟 2、攪拌混合。

5 將剩餘的蛋白霜倒入步驟 2、攪拌混合至鬆軟，再倒入模型裡放上托盤，注入約 40°C的熱水至模型的 4cm 高，加上蓋板。

6 放入 170°C預熱過的烤箱、用 150°C的溫度考 55 分鐘。（用竹籤插入時，麵團約成半生熟的狀態）。

7 不要加熱、靜置在烤箱裡 60 分鐘。

8 從烤箱取出，蓋上盤子後倒扣、脫模冷卻。

9 去除餘熱後鬆鬆地蓋上保鮮膜，放入冰箱冷藏 3 小時到半天。

【奶油】

1 在攪拌盆裡放入鮮奶油，重疊在放入冰水的攪拌盆裡，用手持攪拌機打發起泡成黏稠狀。

2 加入材料 C，打發成能夠拉起柔軟的尖角。

【裝飾】

1 用奶油抹刀等器具將奶油薄薄地塗抹在蛋糕上，放入冰箱冷藏 15 分鐘。

2 再度塗上一層厚厚的奶油，用濾茶網過篩、撒上糖粉，再撒上金箔粉。

材料

【舒芙蕾起司蛋糕】
（直徑 18cm 深 7cm 的攪拌盆 1 顆份）

奶油起司……200g
砂糖……70g
蛋……150g（M size 3 顆份）
原味優格（常溫）……50g
鮮奶油（乳脂肪含量 35～36%）……50 ㎖

【A】
檸檬汁……1 大匙又 1/2 小匙
香草精……適量

【B】
低筋麵粉……35g
泡打粉……1/4 小匙

【奶油】
鮮奶油（乳脂肪含量 35～36%）……150 ㎖

【C】
市售焦糖醬……45g
即溶咖啡……1/2 小匙

【裝飾】
裝飾用糖粉……適量
金箔粉……適量

滿月奶油美式鬆餅

材料

【滿月奶油美式鬆餅】
（直徑 12cm 的美式鬆餅 8 片份）

有鹽奶油……20g
鬆餅粉……300g
蛋（M size）……2 顆（放在室內回復常溫）
鮮奶……200 mℓ

【A】
砂糖……25g
檸檬汁……2 小匙
香草精……適量

【打發鮮奶油】（約 2 個分）
有鹽奶油……50g（放在室內回復常溫）
鮮奶……1 大匙

作法

【滿月奶油美式鬆餅】

1 在耐熱的攪拌盆裡放入奶油，蓋上保鮮膜後放入微波爐微波 40 秒，再用打發器攪拌混合。

2 在步驟 1 裡加入材料 A，仔細地攪拌混合後打入蛋、再仔細地攪拌混合。

3 加入牛奶仔細地攪拌混合後再加入鬆餅粉，迅速地攪拌混合到沒有顆粒殘留。

4 將中火加熱後的平底鍋放在濕抹布上，塗上薄薄的沙拉油（份量外）後將 1/8 的麵糊倒入成圓型狀，加蓋、以小火煎烤 3 分鐘。

5 表面稍微起泡後翻面，再煎烤 30 秒～ 1 分鐘。

6 將 5 片鬆餅層疊在盤子上，放上打發鮮奶油（後面詳述）、淋上蜂蜜（份量外、適量）。

【打發鮮奶油】

1 在小型攪拌盆裡放入奶油，用手持攪拌機仔細地打散。

2 步驟 1 攪拌至鬆軟滑順後，再一點一點地加入鮮奶、仔細地攪拌打發。

3 仔細地打發攪拌至鬆軟發白的狀態（夏天請一面浸泡在冷水中、一面進行）。

4 用小型冰淇淋挖杓挖出鮮奶油球。

滿月冰淇淋的熔岩巧克力蛋糕

材料

【滿月冰淇淋的熔岩巧克力蛋糕】（2 人份）
使用直徑 6cm 深 5cm 的鋁箔布丁杯

可可含量 50% 的巧克力……50g

【A】
無鹽奶油……50g
無糖可可粉……5g

蛋（M size）……1 顆

【B】
砂糖……22g
玉米澱粉……6g

君度橙酒（依個人喜好添加）……1/2 小匙
香草冰淇淋（冰淇淋挖杓）……2 球
市售巧克力醬……適量

【C】
裝飾用糖粉、金箔粉……適量

作法

準備
・將軟化的奶油（分量外、適量）貼著鋁箔布丁杯的內側塗上薄薄一層，用濾茶網過篩、撒上麵粉（分量外），拍落多餘的麵粉、放入冰箱冷藏備用。

1 在攪拌盆裡放入切成粗塊的巧克力與材料 A，浸泡在 60℃的熱水裡、用塑膠刮刀攪拌至融解。

2 在另外的攪拌盆裡打入蛋，用打發器打散後放入材料 B、再攪拌混合。

3 將 1/3 的步驟 1 加入步驟 2，靜靜地攪拌混合至表面呈現光澤。

4 將剩餘的步驟 3 放入步驟 1，用塑膠刮刀以垂直方向靜靜地攪拌。整體呈現光澤後、依個人喜好加入君度橙酒攪拌混合。

5 將麵糊分別倒入半量至準備好的鋁箔布丁杯，加上蓋板，放入預熱 200℃的烤箱、用 180℃烘烤 9 分鐘。

6 從烤箱取出靜置約 3 分鐘後，用小刀在杯緣劃一圈後、倒扣在盤子上，放上香草冰淇淋、淋上巧克力醬後撒上步驟 C（請用濾茶網撒上糖粉）。

MANGETSU COFFEE

Presented by SAKURADAKitchen.

STARDUST BLEND

Recipe

Drink

一定能夠撫慰你的心靈，請試試看集結了天空與繁星的經典飲料吧！

滿月 珈琲店

滿月珈琲店
STARDUST BLEND
星塵特調
摘採來的星塵與咖啡的相遇。
由滿月咖啡店原創特調完成。
Short:\380
Medium:\400
Large:\500
(+ tax)
Ashiharu

月暮特調

將月亮的碎片特調而成的咖啡。
請享受那醇厚的餘味。

Short:\500

Medium:\530

Large:\580
（+ tax）

MOONLIGHT BLEND

星塵特調

材料

（2人份）

細研磨的咖啡粉……20g
鳳梨乾……15g
檸檬皮
（無農藥、僅將檸檬表皮研磨下來做成的材料） 1/3 顆份
冰塊（將淨水後的軟水凍結做成的材料、
或是市售的冰塊）……250g

作法

1 將鳳梨乾切成粗粒、跟檸檬皮一起放入咖啡壺。

2 將濾紙放上濾杯、放入咖啡粉，以繞圈的方式注入熱水（分量外）浸潤、排空氣體（二氧化碳）。

3 將步驟 2 的濾杯放在濾壺上，咖啡粉上放上冰塊。

4 萃取出咖啡後，在玻璃杯裡放入冰塊、再一面以濾茶網過篩、一面注入咖啡。

※ 依室溫或冰塊的不同，咖啡萃取的時間約花費 5 ～ 6 小時。

月暮特調阿芙佳朵

材料

（1人份）

香草冰淇淋（冰淇淋挖杓）……1球

※ 請預先將冰淇淋挖杓確實地冷凍備用。

偏濃的黑咖啡……50 ㎖

市售的芒果醬……適量

金箔粉……適量

作法

1　在杯子裡放入香草冰淇淋。由上而下淋上芒果醬、輕輕地用茶匙推開。

2　在不影響步驟1芒果醬的情況下，輕輕地注入黑咖啡、再撒上金箔粉。

櫻花奶昔（櫻吹雪）

將美麗盛開令人讚嘆的櫻花製做成奶昔。
備有甜到令人融化的櫻吹雪、以及帶點微酸的夜櫻２種口味。

滿月珈琲店

櫻花奶昔（夜櫻）
櫻花奶昔……各¥630
滿月珈琲店

櫻花奶昔（櫻吹雪）

材料

（1 人分）

※ 飲用前請確實地攪拌均勻。

【櫻吹雪】

水蜜桃罐頭（減糖）……100g

市售草莓醬……50g

【A】

鮮奶……80g

香草冰淇淋……40g

鹽漬櫻花……1 朵

作法

1　在小型攪拌盆裡放入糖漬的切片水蜜桃及草莓醬，用果汁機攪拌。

2　將步驟 1 放入玻璃杯，滴上剩餘的草莓醬後用湯匙輕輕地攪拌混合。

3　將攪拌混合過的 1/2 材料 A 注入玻璃杯，用湯匙輕輕地攪拌混合。再注入剩餘的 1/2、再擺放上鹽漬櫻花。

櫻花奶昔（夜櫻）

材料

（1人分）
※ 飲用前請確實地攪拌均勻。

【夜櫻】
原味優格……100g
櫻花豆沙餡……50g
市售草莓醬……15g

【A】
鮮奶……60g
香草冰淇淋……40g

鹽漬櫻花……1朵

作法

1 在玻璃杯裡將全部的櫻花豆沙餡與半份的原味優格放入，用湯匙攪拌成大理石紋。

2 放入剩餘的優格與草莓醬、輕輕地攪拌混合。

3 將攪拌混合過的材料A注入步驟2，再擺放上去除鹽分的鹽漬櫻花。

土星漂浮咖啡

在滿杯的咖啡上添加冰淇淋，做成漂浮咖啡。將寬口的杯緣作出一輪圓圈，看起來像是土星的模樣。

土星漂浮咖啡……………￥550

滿月珈琲店

在日常的特調咖啡上
試著將土星冰淇淋
漂浮在其上

轉眼之間
蔓延成了全宇宙。

鬆軟漂浮的
土星冰淇淋與
微苦咖啡的
和弦
請慢慢地品味享用吧！

無論何時都像
直接注視著真正的土星一樣。

MANGETSU COFFEE

土星漂浮咖啡

Presented by SAKURADAKitchen.

STARDUST BLEND

材料

香草冰淇淋（冰淇淋挖杓）……1球

【A】

牛奶巧克力……1/4片

香草冰淇淋……1/2小匙

市售巧克力醬……適量

冰咖啡……適量

冰塊……適量

白巧克力……1片

作法

準備

・外帶咖啡杯的蓋子，用剪刀插入、剪除中央凹槽。

1 用冰淇淋挖杓挖1球香草冰淇淋，放在冰箱冷凍約10分鐘使其確實地冷卻凝固。

2 將材料A放入耐熱小盤子裡、用微波爐微波30秒後仔細地攪拌混合、放涼。

3 將步驟1由冰箱取出，用冰淇淋挖杓的背面沾取步驟2的醬汁、描繪出土星淺咖啡色的模樣。再度放入冰箱冷凍約10分鐘冷卻凝固。

4 將步驟3取出，用牙籤的尖端沾取巧克力醬、以稍微傾斜的方式畫圓，再度放入冰箱冷凍約5分鐘冷卻凝固。

5 將白巧克力放入耐熱容器裡、浸泡在50℃左右的熱水融解。
※使用微波爐的場合時，因容易燒焦請特別注意。

6 用湯匙的背面沾取步驟5，塗抹在塑膠杯的內側、描繪出圖樣。放入冰箱冷藏約3分鐘。

7 在步驟6放入冰塊、注入冰咖啡，將步驟4的冰淇淋放上、再蓋上切除中央凹槽的咖啡蓋。

由巧克力描繪出冰冷又美味的土星模樣。
請盡情享用這咖啡苦味與冰淇淋甜味交織的和弦。

滿月 珈琲店
MANGETSU
COFFEE
Presented by ChihiroSAKURADA.
STARDUST BLEND
滿月 珈琲店
MANGETSU
COFFEE
Presented by ChihiroSAKURADA.
STARDUST BLEND
豆漿特調（佐咖啡凍）
￥750
牛奶特調
￥500
滿月珈琲店

星塵與隕石的珍珠奶茶

由星塵與隕石特調而成的珍珠奶茶。
請享受經過大氣層燃燒的隕石香氣吧！

蘇打特調
¥500

草莓特調
¥550

星塵與隕石的珍珠奶茶

【蘇打特調】

材料

（1 人分）

※ 飲用前請確實地攪拌均勻。

冷凍粉圓……40g

※ 請依照調理方式說明處理、加熱後冷卻備用。

【A】

檸檬糖漿……1 又 1/3 小匙

食用色素紫色……微量

冰……適量

蘇打汽水……170 mℓ

作法

1 杯子裡放入粉圓及材料 A、攪拌混合。

2 加入冰塊至滿杯。

3 注入蘇打汽水、輕輕地攪拌混合。

【草莓特調】

材料

（1 人分）

※ 飲用前請確實地攪拌均勻。

草莓果醬（減糖）……40g

冷凍粉圓……40g

※ 請依照調理方式說明處理、加熱後冷卻備用。

優格（加糖）……40g

冰……適量

【A】

鮮奶……150 mℓ

煉乳……15g

作法

1 在杯子裡放入半份的草莓果醬，用湯匙的背面將杯底及內側塗滿。

2 將粉圓放入。

3 放入剩餘的草莓果醬與優格後，將內側塗滿。加入冰塊至滿杯。

4 將材料 A 仔細地攪拌混合，靜靜地倒入步驟 3。

【豆漿特調】

材料

（1 人分）

※ 飲用前請確實地攪拌均勻。

冷凍粉圓……40g

※ 請依照調理方式說明處理、加熱後冷卻備用。

香草冰淇淋……100g

冰塊……適量

【A】

黃豆粉……1 大匙又 2 小匙

鮮奶……130 mℓ

市售的咖啡凍……1/2 杯

作法

1 在杯子裡放入粉圓與半份的香草冰淇淋、攪拌混合。

2 加入冰塊至 8 分滿，再慢慢注入仔細攪拌混合過的材料 A。

3 放入剩下的香草冰淇淋，再將咖啡凍捏碎擺放在其上。

【牛奶特調】

材料

（1 人分）

※ 飲用前請確實地攪拌均勻。

伯爵紅茶包……1 包

熱水……60 mℓ

砂糖……1 大匙又 2 小匙

鮮奶……70 mℓ

冷凍粉圓……40g

※ 請依照調理方式說明處理、加熱後冷卻備用。

優格（加糖）……40g

冰塊……適量

作法

1 在熱水裡放入伯爵紅茶包、加蓋悶蒸 5 分鐘。

2 瀝乾伯爵紅茶包，放入砂糖後仔細地攪拌混合，靜置回復常溫、再加入鮮奶攪拌混合。

3 在杯子裡放入珍珠、加入優格攪拌混合。用湯匙的背面將杯子的內側塗滿優格。

4 加入冰塊至滿杯。

5 將步驟 2 的奶茶靜靜地注入、輕輕地攪拌混合。

満月 珈琲店
MANGETSU

天空色蘇打　夕空

天空色蘇打　晴空

天空色蘇打　星空

天空色蘇打

將天空的映照，做成清爽的蘇打。

天空色啤酒　晚霞

天空色啤酒　黃昏

天空色啤酒　星空

天空色啤酒

甘甜的清香、帶有飽足感的一杯啤酒！

滿月珈琲店

沁涼的蘇打裡將天空色糖漿
靜靜地注入至滿杯
清澈的天空漂浮在其上。

來回攪拌混合後的蘇打
還會呈現不同樣貌的天空。

不久慢慢地轉變爲黃昏
緊接著是星空。

你最喜歡的是
哪一種天空呢？
請嘗試看看充滿氣泡
沁涼的天空滋味吧！

也有爲成年的你
準備好的啤酒。

天空色蘇打

【夕空】

材料

（使用 360 mℓ玻璃杯 1 人份）

※ 蘇打飲用時請確實地攪拌均勻。

【A】

市售的橙香冰茶（冷飲）⋯⋯80 mℓ

阿拉伯樹膠糖漿⋯⋯20g

【B】

市售的藍莓果醬（有果肉的產品請先過濾）

食用色素藍色⋯⋯15g

強氣泡水⋯⋯100 mℓ

冰塊⋯⋯適量

作法

1 在玻璃杯裡放入材料 A，仔細地攪拌混合。

2 將材料 B 仔細地攪拌混合、呈群青色（*譯註）。
※ 食用色素一點點地混合

3 在步驟 2 裡靜靜地注入強氣泡水、輕輕地攪拌混合。

4 在步驟 1 裡加入冰塊至半分滿、靜靜地注入步驟 3。

* 譯註：一種名為群青的顏料顏色，
群青顏料是最古老和最鮮豔的藍色顏料。

【青空】

材料

（使用 360 mℓ玻璃杯 1 人份）

※ 蘇打飲用時請確實地攪拌均勻。

【A】

阿拉伯樹膠糖漿⋯⋯25g

冷水⋯⋯50 mℓ

【B】

檸檬糖漿（刨冰用）⋯⋯1/2 小匙

強氣泡水⋯⋯80 mℓ

冰塊⋯⋯適量

作法

1 在玻璃杯裡放入材料 A，仔細地攪拌混合。

2 將材料 B 放入另一個玻璃杯裡，輕輕地攪拌混合。

3 步驟 1 裡放入冰塊後，靜靜地注入步驟 2。

4 輕輕地滴上 2 ～ 3 滴（分量外）的檸檬糖漿。

【星空】

材料

（使用 360 mℓ玻璃杯 1 人份）

※ 蘇打飲用時請確實地攪拌均勻。

【A】

薄荷葉⋯⋯1 大匙

蝶豆花茶（茶包）⋯⋯1 包

熱水⋯⋯3 大匙

【B】

阿拉伯樹膠糖漿⋯⋯25g

冷水⋯⋯50 mℓ

冰塊⋯⋯適量

強氣泡水⋯⋯100 mℓ

作法

1 在材料 A 裡注入熱水、蓋上保鮮膜，悶蒸直到冷卻。冷卻後過濾。

2 在玻璃杯裡放入材料 B、仔細地攪拌混合。

3 將冰塊加入步驟 2，靜靜地注入強氣泡水。

4 撈起 1 大匙步驟 1，一點一點渲染開來地放入步驟 3。

天空色啤酒

【晚霞】

材料

（1 杯份）

啤酒（使用 400 mℓ的啤酒杯）

※ 小酌一口後仔細地攪拌混合，再用吸管飲用。

【A】

檸檬蘇打汽水（黃色、有加糖）……100 mℓ
檸檬汁……1/2 小匙
吉利丁粉（免泡水型）（※ 譯註）……2g

【B】

楓糖漿……2 小匙
水……1 大匙

【C】

檸檬蘇打汽水……50 mℓ
楓糖漿……1 小匙
食用色素紅色……微量

檸檬蘇打汽水……適量
冰塊……適量

作法

1 在耐熱型保鮮盒等的容器裡，將材料 **A** 中 50 mℓ的檸檬蘇打汽水、檸檬汁、吉利丁粉放入，迅速地攪拌混合後放入微波爐加熱 40 秒、再仔細地攪拌混合。
※ 容器不要玻璃等類型，用輕薄型的容器較容易冷卻。
※ 吉利丁粉未溶解時可再度加熱、但請勿加熱至沸騰。

2 將步驟 1 剩餘的檸檬蘇打汽水、靜靜地注入攪拌混合後，浸泡在冰水（份量外、以下同）上，一面不時地攪拌混合、一面冷卻。

3 步驟 2 冷卻後將一半份量分到小碗裡，剩餘的吉利丁液攪拌混合冷卻、成黏稠狀爲止。
※ 用湯匙滴落溶液時、呈滴狀落下的濃稠程度。

4 將材料 **B** 放入啤酒杯、仔細地攪拌混合。

5 加入冰塊至啤酒杯的 1/4 量。

6 將步驟 3 的吉利丁液以湯匙靜靜地舀入。

7 將步驟 3 分到小碗裡的吉利丁液浸泡冰水、
用打奶泡器（或手持攪拌機）打發起泡至滑順狀的奶泡。用湯匙輕輕地攪拌混合至些微凝固。
※ 冷卻過度的話，溶液的流動性會逐漸減少請特別注意。

8 加入冰塊至啤酒杯的 3/4 滿。

9 將材料 **C** 攪拌混合後靜靜地注入，
用攪拌棒上下稍微攪拌混合。

10 將檸檬蘇打汽水靜靜地注入，
再用湯匙舀入步驟 7 的奶泡放在其上。

* 譯註：免泡水型吉利丁粉：新田卽溶吉利丁粉，是一款新田ゼラチン株式会社獨自研發的免泡卽溶吉利丁。

天空色啤酒

【黃昏】

材料

（1 杯份）

啤酒（使用 400 mℓ的啤酒杯）

※ 作詳細的製作方法「請參照晚霞啤酒」。

【A】

檸檬蘇打汽水（透明、有加糖的類型）…50 mℓ

吉利丁粉（免泡水型）…1g

【B】

哈密瓜風味糖漿…2 大匙

水…20 mℓ

吉利丁粉（免泡水型）…1g

【C】

煉乳…15g

水…10 mℓ

食用色素紫色…微量

【D】

檸檬蘇打汽水…100 mℓ

食用色素紅色…微量

冰…適量

作法

1 在耐熱型保鮮盒裡放入材料 A、迅速地攪拌混合後放入微波爐加熱 40 秒、再仔細地攪拌混合。材料 B 也以同樣的方式加熱、攪拌混合。

2 將步驟 1 浸泡在冰水上，一面不時地攪拌混合一面冷卻後、將材料 A 從冰水取下。材料 B 持續用湯匙攪拌混合成黏稠狀爲止。

3 將材料 C 放入啤酒杯、仔細地攪拌混合。

4 加入冰塊至啤酒杯的 1/4 量。

5 將步驟 2 材料 B 攪拌混合後的吉利丁液以湯匙靜靜地舀入。

6 將步驟 2 分到小碗裡的檸檬吉利丁液浸泡冰水、用打奶泡器（或手持攪拌機）打發起泡至滑順狀的奶泡。用湯匙輕輕地攪拌混合至些微凝固。

7 將攪拌混合過的材料 D 靜靜地注入，再用湯匙舀入步驟 6 的奶泡放在其上。

【星空】

材料

（1 杯份）

啤酒（使用 400 mℓ的啤酒杯）

※ 詳細的製作方法「請參照晚霞啤酒」。

【A】

蘇打汽水…100 mℓ

吉利丁粉（免泡水型）…2g

【B】

市售的藍莓果醬…25g

食用色素藍色…微量

銀珠糖（銀色）…適量

【C】

蘇打汽水…60 mℓ

葡萄汁（100% 果汁）…40 mℓ

食用色素藍色…微量

冰塊…適量

作法

1 在耐熱型保鮮盒等的容器裡，放入材料 A 的蘇打汽水一半份量與吉利丁粉，迅速地攪拌混合後放入微波爐加熱 40 秒、再仔細地攪拌混合。

2 將步驟 1 剩餘的蘇打汽水靜靜地注入攪拌混合後，浸泡在冰水上，一面不時地攪拌混合、一面冷卻。

3 步驟 2 冷卻後將一半份量分到小碗裡。剩餘的吉利丁液攪拌混合冷卻、成黏稠狀爲止。

4 將材料 B 放入啤酒杯仔細地攪拌混合。

5 加入冰塊至啤酒杯的 1/4 量。

6 將步驟 3 的吉利丁液以湯匙靜靜地舀入。

7 步驟 3 分到小碗裡的吉利丁液浸泡冰水、用打奶泡器（或手持攪拌機）打發起泡至滑順狀的奶泡。用湯匙輕輕地攪拌混合至些微凝固。

8 加入冰塊至啤酒杯的 3/4 滿。

9 將材料 C 攪拌混合後靜靜地注入，用攪拌棒上下稍微攪拌混合。

10 用湯匙舀入步 7 的奶泡放在其上。

MANGETSU COFFEE

Presented by SAKURADAKitchen.

STARDUST BLEND

Recipe

Food

不只是美味、請享用一定能夠滿足您口腹之慾的本店餐點。

滿月 珈琲店

滿月煎蛋法式薄餅

使用沉浸在大量月光下成長的雞生產的「滿月雞蛋」製作的法式薄餅。
請跟著烘烤地恰到好處的培根、以及入味的菠菜一起品嚐吧！

滿月煎蛋法式薄餅……………¥900套餐飲料+¥200

滿月珈琲店

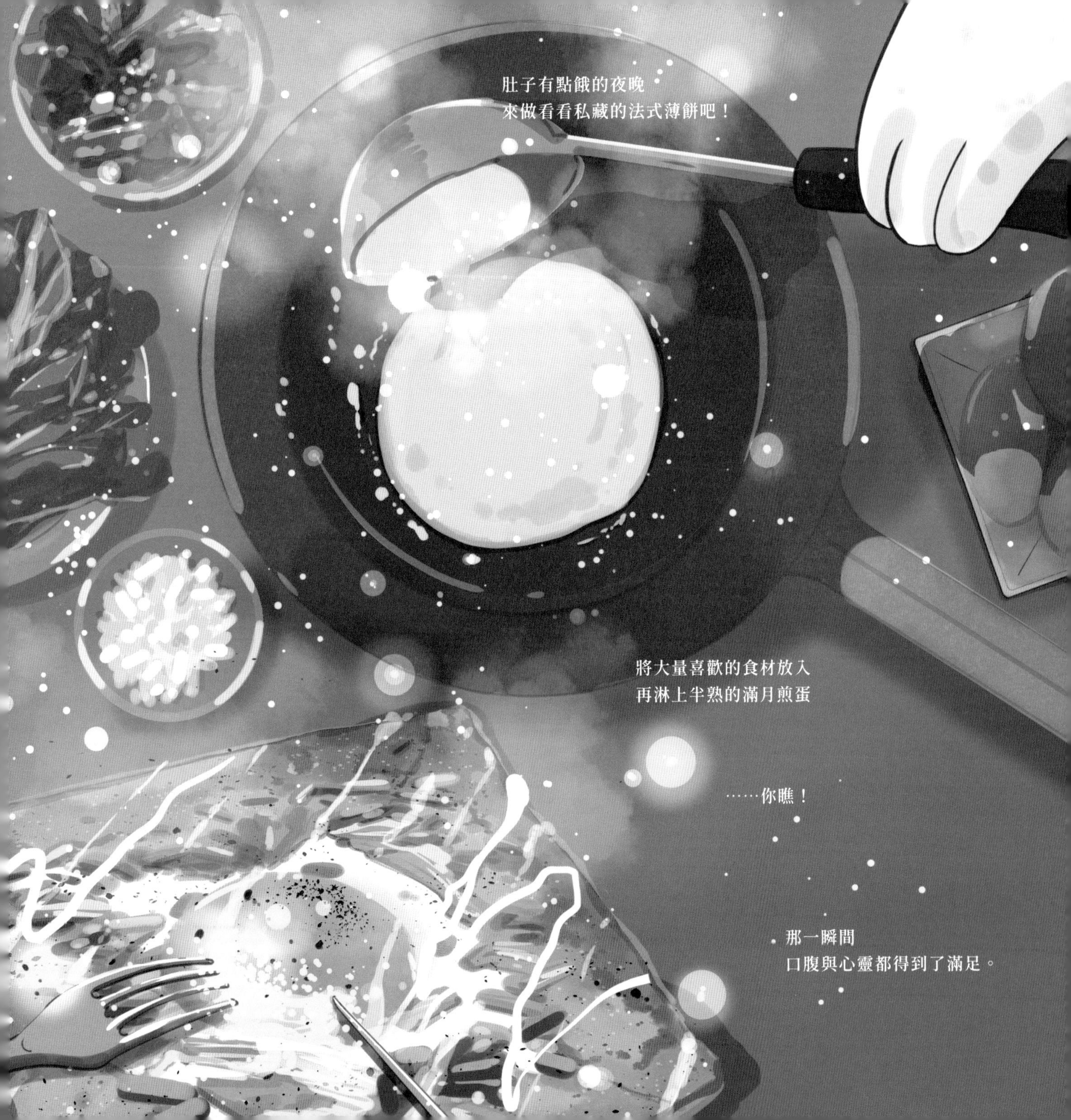
肚子有點餓的夜晚
來做看看私藏的法式薄餅吧！
將大量喜歡的食材放入
再淋上半熟的滿月煎蛋
……你瞧！
那一瞬間
口腹與心靈都得到了滿足。

滿月煎蛋法式薄餅

材料

【法式薄餅麵糰】
（直徑 30cm 平底鍋用 3 片份量）

【A】

蕎麥粉……115g
太白粉……10g

蛋……50g（M size 1 顆分）

【B】

蜂蜜……10g
鹽（天然海鹽）……1g
水……200 ml

有鹽奶油……15g
啤酒（常溫）……100 ml

【餡料】（每 1 片）

蛋……1 顆
培根……2 片
菠菜……1.5 株
披薩乳酪……1 小搓
有鹽奶油……一片
肉荳蔻粉……適量
鹽……適量
胡椒……適量

【美乃滋醬汁】

美乃滋……2 大匙
檸檬汁……1 小匙
蜂蜜……1/2 小匙
水……1 小匙

粗粒黑胡椒……適量

作法

【法式薄餅麵糊】

1 將材料 A 放入攪拌盆裡，用打發器迅速地攪拌混合、在中心點壓出一個凹槽。

2 將蛋打散調和、加入材料 B 攪拌混合後，一面過篩、一面倒入步驟 1 的凹槽。

3 持打發器由攪拌盆的中心輕柔地攪拌混合，將周圍的粉拌入攪拌混合完成。

4 將奶油放入容器裡蓋上保鮮膜，用微波爐加熱 30 ～ 40 秒融解，加入步驟 3 攪拌混合。

5 將啤酒靜靜地注入、攪拌混合。蓋上保鮮膜後靜置冰箱一晚醒麵。

※ 經由確實地醒麵這個步驟，可讓麵糊的延展性與烤色更佳。
※ 日本的蕎麥粉因為黏性較強，醒麵過後可抑制其黏性。

【法式薄餅】

準備
・將 1 片培根切半、另一片切成每小片 5mm 寬。
5mm 寬的小片培根用平底鍋翻炒至酥脆。
・菠菜浸泡在水中、去除苦澀味後瀝乾水氣，切成 3 ～ 4cm 小段。
在翻炒過培根的平底鍋裡放入奶油（1 片）與菠菜，快速地翻炒。
加入肉豆蔻粉、鹽與胡椒調味。
・將法式薄餅麵糊取出回復常溫。

1 將平底鍋用稍大的火力加熱後，整個內鍋含側緣塗上奶油（份量外、適量），
將攪拌混合完成的麵糊倒入 1/3、快速地迴轉平底鍋展開。
※ 因麵糊會向下沉澱，每回製作餅皮前請再度攪拌均勻。

2 轉中火，麵糊表面慢慢收乾後打入一顆蛋，用刀子等器具將蛋白推開，火力稍微轉弱。

3 撒上披薩乳酪、切半的培根及一半份量的菠菜，加蓋煎烤。

4 待起司融化、雞蛋熟透後開蓋、
轉弱火一面翻動平底鍋、一面煎烤到邊緣熟透，用煎匙將 4 個邊角向內彎折。

5 放上剩餘的菠菜及翻炒過的培根後裝盤。
將餡料仔細地攪拌混合後淋上醬汁，再撒上粗粒黑胡椒。

※ 請依照平底鍋的材質、厚度調整火力大小。
（本書裡使用的是鐵製的平底鍋）

獅子座漢堡

將黃道十二星座之一的獅子座，做成漢堡。
看起來表現出張大嘴巴、吞食獵物的模樣。
跟著彗星馬鈴薯一起品嚐看看吧！

獅子座漢堡（佐彗星馬鈴薯）……………………………¥800

滿月珈琲店

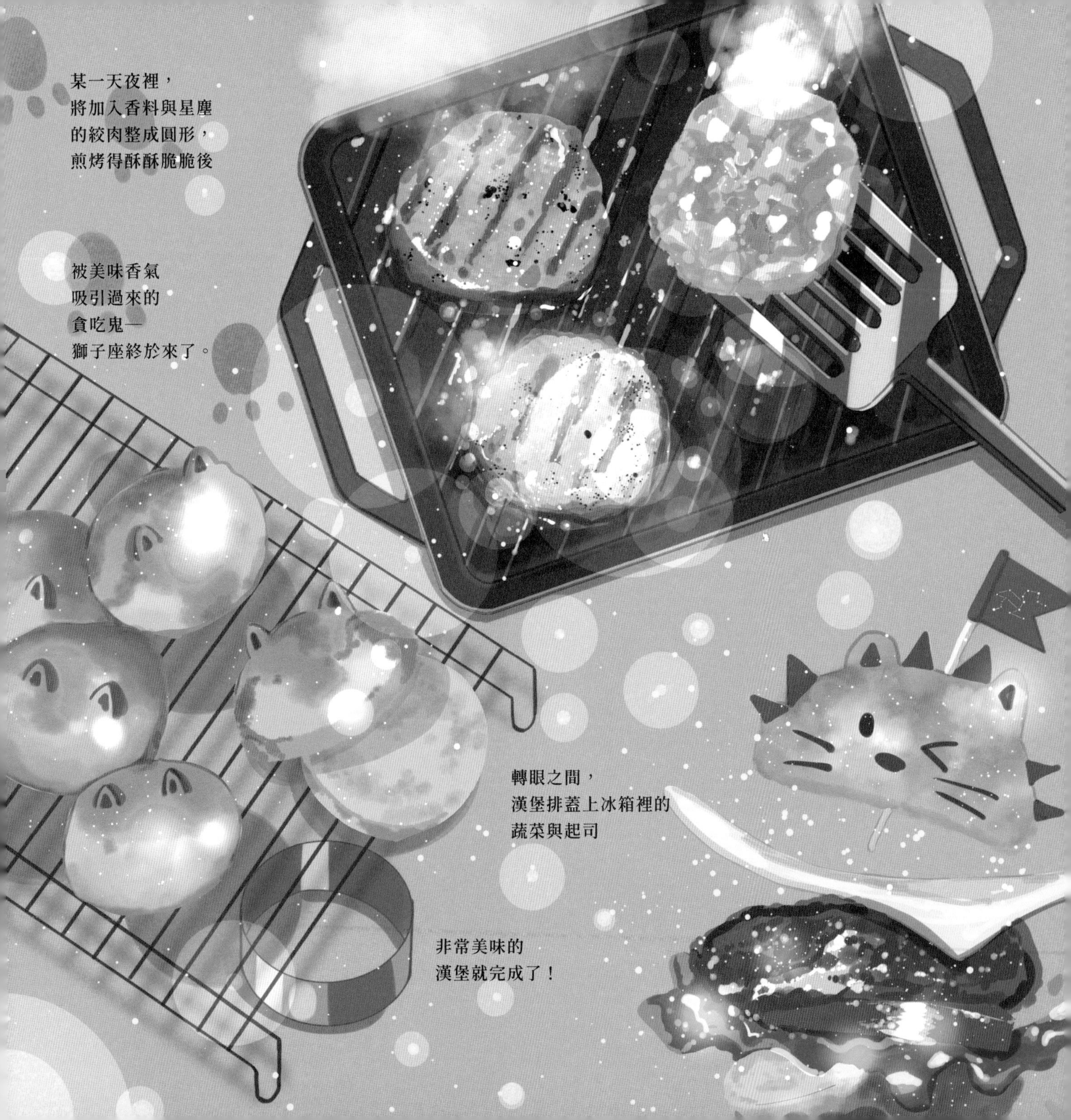

某一天夜裡，
將加入香料與星塵
的絞肉整成圓形，
煎烤得酥酥脆脆後

被美味香氣
吸引過來的
貪吃鬼─
獅子座終於來了。

轉眼之間，
漢堡排蓋上冰箱裡的
蔬菜與起司

非常美味的
漢堡就完成了！

獅子座漢堡

材料

【漢堡麵包】（4 個份）

【A】

高筋麵粉……200g
全麥麵粉……40g
砂糖……25g
酵母粉……3g
蛋……50g（M size 1 顆份）

【B】

溫水……100 mℓ
鹽（天然海鹽）……3g

無鹽奶油（放回常溫）……15g

【蛋液】

打散的蛋……1 顆份
鮮奶……2 小匙

白芝麻……適量

【漢堡排】（4 片份）

絞肉（牛肉 7：豬肉 3）……600g
蘑菇（大朵）……3 顆
洋蔥……1/4 顆
蒜末……小 1/2 顆
鹽、胡椒……適量
肉荳蔻粉
乾燥的奧勒岡粉……適量
（也可以添加迷迭香、馬鬱蘭）

切達起司（切片）……4 片

【組合】

【C】

美乃滋……適量
芥末醬……適量

醬油煮昆布……適量
海苔……適量
奶油……適量
美生菜……適量
番茄切片……4 片
番茄醬……適量
醃黃瓜（切片）……適量

炸馬鈴薯條……喜歡的量

作法

【漢堡麵包】

1 在較大的攪拌盆裡放入材料 **A**，用打發器迅速地攪拌混合。

2 在較小的攪拌盆裡打入蛋、仔細地打散後放入材料 **B** 攪拌混合。

3 將步驟 2 放入步驟 1，用塑膠刮刀以切拌的方式攪拌混合。

4 攪拌到沒有殘留粉狀顆粒後，以拋摔麵糰再往內捲折的方式、用手揉製 10 分鐘。

5 加入奶油再揉製 5 ～ 10 分鐘，直到麵糰可以延展拉出薄膜。
※ 揉製麵糰時的標準溫度爲 28°C

6 將麵糰以畫圓方式撒上高筋麵粉（份量外）後、再放入步驟 1 的攪拌盆裡，蓋上保鮮膜。
放入 30°C的烤箱 45 ～ 50 分鐘發酵。
※ 待膨脹 2.5 倍大後，用沾麵粉的手指按壓麵糰、不回彈就表示 OK。

7 輕輕地擠壓麵糰、排氣後分開取出 25g。
剩餘的麵糰用麵糰切刀分成 4 份、揉成圓形。

8 將 25g 的麵糰分成 4 份、揉成圓形。跟步驟 7 的麵糰一起
放在撒上高筋麵粉（分量外）的料理台上，蓋上保鮮膜醒麵 10 分鐘。

9 再度排氣，將麵糰各自揉成圓形。

10 在烤盤上鋪上烘焙紙、間隔地放上麵糰。
放入 35°C的烤箱 40 分鐘、進行 2 次發酵。

11 將打散的蛋與鮮奶攪拌混合、過篩後的蛋液，用刷子在麵糰表面輕輕地刷上薄薄一層，
較大的麵糰撒上少許白芝麻。放入 200°C的烤箱烘烤 10 分鐘。
※ 中途、請將烤盤前後對調續烤。
※ 塗剩下的蛋液，請運用在其他料理上。

【漢堡排】

1 將洋蔥、蘑菇預先切好備用，加入橄欖油（份量外、適量）與鹽（份量外、適量）翻炒、冷卻。

2 在攪拌盆裡放入步驟 1、剩餘的材料與冰塊 2 顆（份量外），
用塑膠刮刀輕柔且和緩地攪拌混合成一體、再取出冰塊。

3 分成四等分、整形成 1cm 後的圓形。
排出氣體、用保鮮膜包覆，放入冰箱冷藏 3 小時醒發。

4 食用前煎烤。將漢堡排回復常溫、預熱平底鍋（避免沾黏，平底鍋需塗抹一層薄薄的橄欖油）
以中火煎烤。煎烤至酥脆後翻面、轉小火煎烤。在煎烤完成前撒上切達起司、加蓋。

【組合】

1 將漢堡麵包切成兩半。

2 較小的麵包切成兩半、插入牙籤、再刺入漢堡麵包的上蓋做成耳朵。
再用小刀在上蓋切出倒 V 的形狀，立起來、在內側貼上少量的起司（份量外、適量），
做成豎起來的頭髮。

3 在步驟 2 貼上沾上美乃滋、切下來的醬油煮昆布，做成眼睛與鼻子。
用瓦斯燒熱的鐵製串針炙燒漢堡麵包，做成鬍子。

4 底座的漢堡麵包切面朝下，放在平底鍋上煎烤。

5 底座的漢堡麵包塗抹薄薄一層奶油、再塗上攪拌混合後的材料 **C**。
依順序放上美生菜、番茄與漢堡排。塗上番茄醬、放上切片的醃黃瓜。

6 蓋上漢堡麵包上蓋，插上小竹籤。

7 增添炸馬鈴薯條。

滿月珈琲店

滿月珈琲店特製
天空吐司

在這裡介紹滿月咖啡店特製的吐司！
只塗奶油也好吃，
加上果醬、番茄
或放上紅豆餡也美味。
請探索你個人喜歡的吃法吧！

①

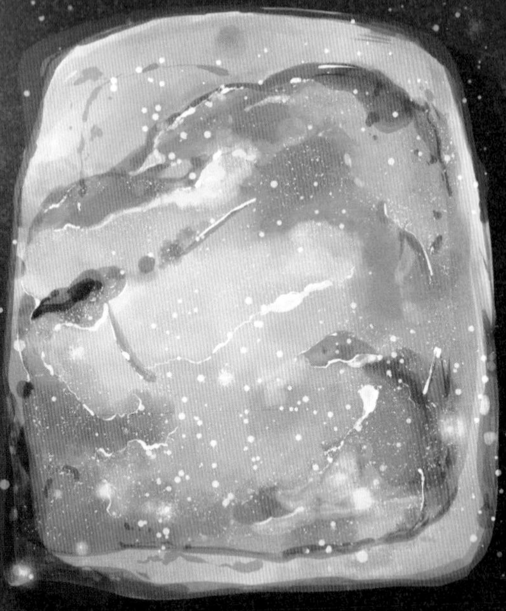

① 晚霞吐司

② 太陽吐司

③ 朝霞吐司

④ 深夜吐司

⑤ 第一顆星吐司

③
②
⑤
④

滿月珈琲店特製
天空吐司

【朝霞】

材料

吐司……1片

奶油……適量
優格（加糖、靜置一晚離水）……1大匙
藍莓醬……適量

作法

1 吐司烘烤後塗上薄薄一層奶油、再塗滿優格。

2 重疊抹上藍莓醬。

【太陽】

材料

吐司……1片

奶油……適量
切片起司……1.5片
切片番茄（較小顆的）……3片
鹽……少許
美乃滋……適量
乾燥的義大利香芹
（或是羅勒葉、巴西里）……適量

作法

1 將吐司烘烤至約8分熟、塗上薄薄一層奶油。

2 依順序放上切片起司與切片番茄、撒上鹽。
再次烘烤至起司融化。

3 擠上細條紋的美乃滋，
撒上乾燥的義大利香芹。

【晚霞】

材料

吐司……1片

奶油……適量
柑橘醬……適量
蜂蜜……適量

作法

1 吐司烘烤後塗上薄薄一層奶油、
再塗滿柑橘醬。

2 沿著吐司的邊緣滴上蜂蜜。

【第一顆星】

材料

吐司……1片

奶油……適量

作法

1 吐司切上十字型刻紋後烘烤。

2 塗上奶油、放回烤箱。
靜置約30秒利用餘熱將奶油融化。

3 用星型壓模壓出奶油、放上吐司的中心。

【深夜】

材料

吐司……1片

奶油……適量
水煮紅豆……適量

作法

1 吐司烘烤後塗上薄薄一層奶油、
再放上水煮紅豆。

2 在吐司的中心
放上靜置在常溫回軟的奶油。

【準備】
・烤箱需預熱3分鐘後再放入
・輕輕地用噴霧器噴水
將吐司山形的上半部朝外
放入烤箱。

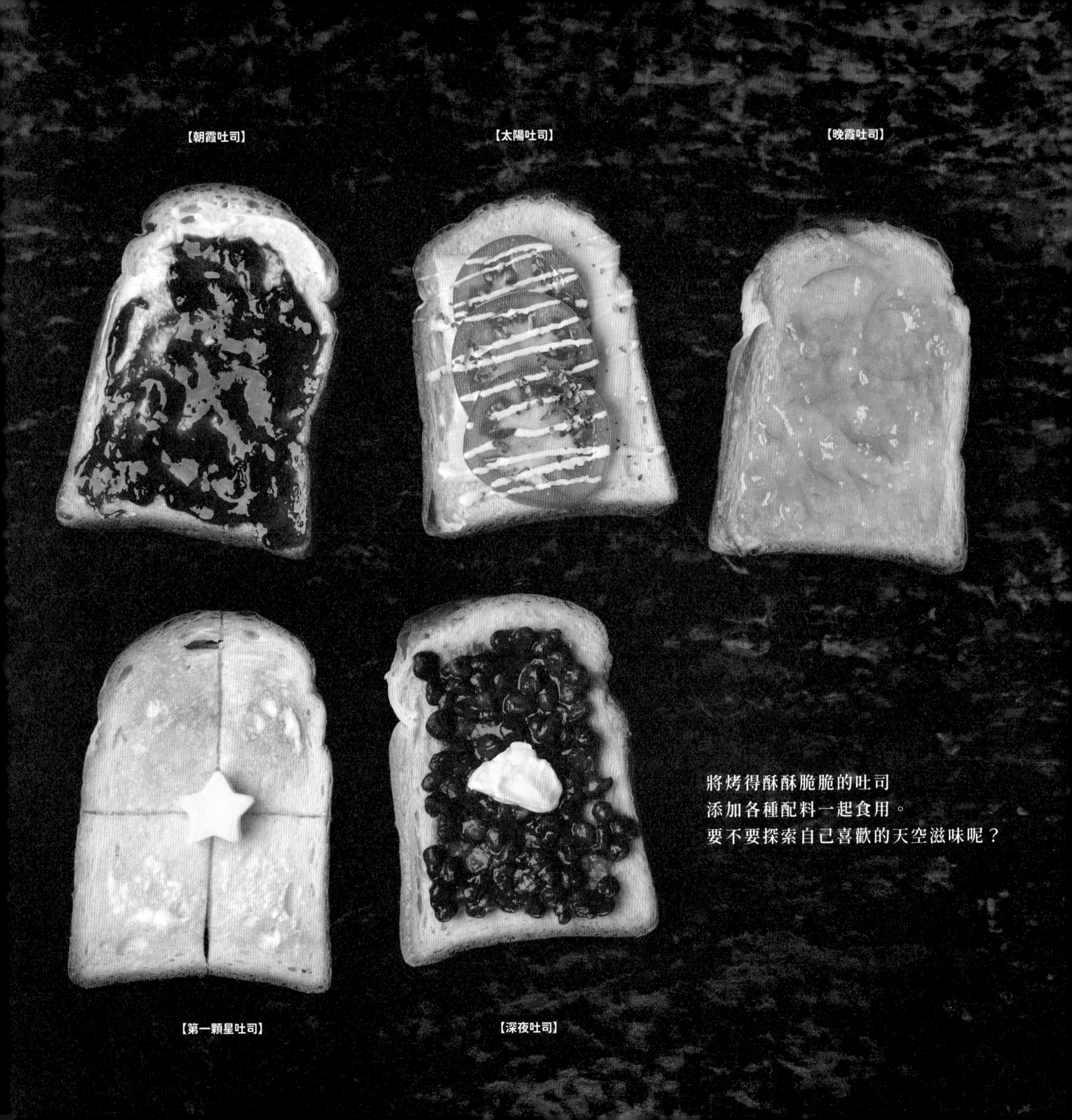

【朝霞吐司】 【太陽吐司】 【晚霞吐司】

【第一顆星吐司】 【深夜吐司】

將烤得酥酥脆脆的吐司
添加各種配料一起食用。
要不要探索自己喜歡的天空滋味呢？

貓座蛋包飯
本店的私藏菜色是鬆軟的蛋包加上滿月奶油
香味四溢的蛋包飯。
請將佈滿繁星與滿月的夜空之法式多蜜醬汁
大量地淋上後享用吧！
貓座蛋包飯……………￥900
満月珈琲店

話雖如此
眞的有貓座
這個星座嗎？

貓座蛋包飯

材料

【雞肉炒飯】（2 人分）

雞肉（切成細條狀）……70g
洋蔥……1/6 顆

【A】

番茄醬……50g
法式清湯（顆粒）（※ 譯註）……1 小匙
辣醬油……1/2 小匙
蒜末……1/4 小匙

米……1 合（※ 譯註）
奶油……10g
鹽、胡椒……適量

【蛋包飯】

蛋（M size）……5 顆

【B】

鮮奶……1 大匙又 2 小匙
美乃滋……2 又 1/2 小匙
鹽……適量

【法式多蜜醬】
（雞肉炒飯炊煮時下料）
（3 ～ 4 人分）

市售法式多蜜醬罐裝……100g
葡萄汁（100% 果汁）……50 mℓ
（推薦使用果汁較濃郁的類型）
番茄醬……1 大匙
辣醬油……1/2 小匙
巧克力……一塊
奶油……5g
丁香粉……少許
太白粉……1/2 小匙
鹽……1/2 小匙
胡椒……適量

【裝盤】

黑橄欖……1.5 顆
海苔……1 片
火腿……適量
義大利細麵……1 束
食用色素咖啡色（或使用海苔）……適量
豌豆（罐裝）……適量
紅蘿蔔（汆燙）……適量
花椰菜（汆燙）……適量
市售馬鈴薯沙拉……適量
切片起司……適量
鮮奶油……適量

作法

【雞肉炒飯】

準備
・洗米淘淨、移至電鍋內釜，
加水（份量外 150 mℓ）靜置 60 分鐘。

1 將仔細攪拌混合過的材料 A 放入米裡、攪拌混合。

2 配合煮一合米的量加水、開始炊飯。

3 將雞肉切成 2cm 小段、洋蔥切成 5mm 小丁。

4 平底鍋加熱、塗上植物油（份量外、適量）後，
翻炒步驟 3。輕輕地灑上鹽、胡椒。

5 步驟 2 炊煮完成後放入奶油，以飯匙攪拌混合。
加入步驟 4 攪拌混合，再用鹽、胡椒調味。

【蛋包飯】

1 將蛋打散、加入材料 B 攪拌混合。

2 平底鍋加熱、塗上薄薄一層植物油
（份量外、適量）後倒入步驟 1。

3 轉小火、用塑膠刮刀一面攪拌蛋液、
一面製作半熟的炒蛋。

4 在飯碗裡鋪上較大片的保鮮膜後放入步驟 3，
用湯匙擠壓平鋪延展。

5 在步驟 4 裡裝入雞肉炒飯，用保鮮膜包覆後按壓整型。

6 裝盤，取下飯碗與保鮮膜。

7 用雞肉炒飯捏出耳朵與衣領的造型，
耳朵上蓋上炒蛋用湯匙擠壓延展包覆。
整體蓋上保鮮膜，
由上而下輕輕地按壓整形。

【法式多蜜醬】

1 將太白粉以外的材料放入鍋裡，
以中火一面加熱、一面用打發器仔細地攪拌混合。

2 沸騰後轉小火、繼續熬煮 3 分鐘。

3 在太白粉裡少量地加入步驟 2，仔細地攪拌混合後
再倒回步驟 2 混合，接著再熬煮 2 分鐘。

4 加入鹽、胡椒調味。

【裝盤】

參照插畫裁切食材。
鼻子、眉毛：黑橄欖垂直切片
耳朵、眼睛：海苔切片
臉頰：切成圓形的火腿
鬍子：義大利細麵用烤箱烘烤上色
嘴巴：用牙籤沾取食用色素咖啡色描繪（或用海苔切片）

1 將五官的材料貼上臉
（嘴巴用描繪的、鬍子的義大利細麵用插入的）

2 用湯匙將加熱的法式多蜜醬淋上。

3 放上豌豆、汆燙過的紅蘿蔔
（較小塊的滾刀切、及半月型）、汆燙過的花椰菜、
用挖杓舀起來的馬鈴薯沙拉、壓成星型的切片起司。

4 細細地滴上鮮奶油，再撒上起司粉、
乾燥的義大利香芹（皆為份量外）。

* 譯註：法式清湯（consommé）是一種清湯，由高湯加上牛、雞、豬等肉剁碎調和蛋白做成的肉糊一起熬煮（肉會吸附雜質，過程稱爲「澄清」）而成。製作程序複雜且需高深技巧，亦被稱爲黃金湯。
* 譯註：日本度量衡單位，即 180 毫升。

滿月珈琲店

爸爸、已經這麼晚了呢。
我們也差不多到了打烊的時間了。
很感謝今天來店光臨的朋友。
我還有很多私藏的食譜。
接下來就等各位再度光臨的時候，
再來聊聊吧！
滿月咖啡店永遠在這裡
等候您的大駕光臨！
再會囉！

TITLE

滿月珈琲店　星月食帖

STAFF

出版	瑞昇文化事業股份有限公司
作者	櫻田千尋
譯者	闕韻哲
總編輯	郭湘齡
責任編輯	張聿雯
美術編輯	許菩真
排版	許菩真
製版	明宏彩色照相製版有限公司
印刷	桂林彩色印刷股份有限公司
法律顧問	立勤國際法律事務所　黃沛聲律師
戶名	瑞昇文化事業股份有限公司
劃撥帳號	19598343
地址	新北市中和區景平路464巷2弄1-4號
電話	(02)2945-3191
傳真	(02)2945-3190
網址	www.rising-books.com.tw
Mail	deepblue@rising-books.com.tw
初版日期	2022年7月
定價	380元

ORIGINAL JAPANESE EDITION STAFF

作画協力	ひみつ
レシピ制作・スタイリング	菖本幸子
調理協力	前田直美
撮影	和田真典
撮影協力	UTSUWA
デザイン	工藤雄介
制作	坂口柚季野、日根野谷麻衣（フィグインク）
校正	東京出版サービスセンター
編集担当	中川通（主婦の友社）
編集デスク	志岐麻子（主婦の友社）

國家圖書館出版品預行編目資料

滿月珈琲店：星月食帖/櫻田千尋著；闕韻哲譯. -- 初版. -- 新北市：瑞昇文化事業股份有限公司, 2022.07
80面；21x21公分
譯自：満月珈琲店のレシピ帖：月と星のやさしいメニュー
ISBN 978-986-401-570-2(平裝)

1.CST: 點心食譜 2.CST: 飲料

427.16　　111008268